# 嗷！我是小盗龙

江 泓 著  哐当哐当工作室 绘

我叫顾星，是一只雄性小盗龙。我虽然才7岁，但已经是一只中年恐龙啦。我个头很小，比喜鹊大不了多少。体长只有0.6米，体重700克。

北京科学技术出版社

# 5月8日

　　如果我们的巢穴没有遭到袭击，今天本来应该是美好的一天。
　　在我们没有察觉的时候，一只中国鸟龙沿着树干爬了上来，还流着口水。情况十分危险，可我们不能丢下孩子独自逃命。

就在中国鸟龙冲过来时，妻子让我带着孩子先走，然后自己迎了上去。妻子跳起来用爪子猛踢中国鸟龙的脑袋，我则带着三个孩子顺着树枝逃到了别的树上。

当我回头的时候，我看到妻子被中国鸟龙咬住了！妻子大声对我喊："别管我，带着孩子快逃！"

## 5 月 11 日

　　遭到中国鸟龙的袭击已经是几天前的事了。这几天，我一直带着孩子们在巢穴附近寻找妻子，却一无所获。孩子们问我妈妈在哪里，我忍着心中的悲痛告诉他们，妈妈去了很远的地方。

孩子们饿得很快，我必须频繁地出去找吃的。以前我外出觅食时，妻子会照看孩子们，现在只能让他们自己躲起来了。我找了一棵叶子颜色足够深的大树让孩子们躲在上面，他们近乎黑色的羽毛能够和环境融为一体，这样他们就能靠保护色避开危险了。

我们小盗龙的前肢和后肢上都长着长长的飞羽，张开四肢就像张开了四只翅膀。我们的飞行其实属于滑翔，只能从这棵树上飞到那棵树上。所以，我们大部分时间都在树上生活。

连续下了几天大雨，一直看不到太阳，气温不断下降。孩子们冻得直打哆嗦。我把他们拢到身边，用前肢盖在他们身上，就像给他们盖了一床被子。羽毛不仅是我们的滑翔工具，还可以保暖。除此之外，羽毛能像雨衣一样为我们挡雨。

# 5 月 17 日

　　雨过天晴，我和孩子们一大早就被喧闹声吵醒了。原来，一群似尾羽龙正在树下面求偶。似尾羽龙依靠长长的后肢行走。他们身后的短尾巴上长着漂亮的羽毛，就像扇子一样。

　　似尾羽龙求偶很有仪式感，雄似尾羽龙要以精湛的舞技获得雌似尾羽龙的芳心。我带着孩子们兴致勃勃地观看着雄似尾羽龙们起舞。那些雄似尾羽龙们一边鸣叫一边跳跃，还不断拍打着前肢，动作很有节奏感。

# 5月20日

今天，我带着孩子们到地面上寻找食物。我嘱咐他们一定要跟紧我，不能擅自行动。就在我专心向孩子们示范如何用爪子将洞里的虫子掏出来时，一个孩子被飞过的蝴蝶吸引，跟着蝴蝶越跑越远……

当我听到孩子的尖叫声时，
一切都晚了。一只可怕的巨爬兽
不知道从哪里蹿了出来，咬住了
我的孩子。巨爬兽是非常凶猛的
动物，比我大很多，我根本打不
过他，所以只能躲在树丛中绝望
地等着他离开。

我们一家再次陷入了悲痛之中。我告诫剩下的两个孩子，有好奇心是好事，但我们周围充满了各种危险，过分好奇会让自己送命的。孩子们向我保证，今后一定寸步不离地跟在我身边。

# 7月14日

　　孩子们渐渐长大了，我在帮他们梳理羽毛的时候注意到，他们的飞羽已经长出来了，是时候教他们飞行啦。最初的飞行练习很简单，就是张开四肢从上面的树枝滑翔到下面的树枝，距离短且安全。孩子们在我的指导下一遍遍练习着。

# 7 月 14 日

　　一只传奇龙正在森林中缓慢穿行，这可是一种很少见的恐龙。传奇龙属于甲龙，他的脑袋、后背、尾巴等部位长有突起的骨板和骨刺，就好像披着盔甲的武士。我告诉孩子们，传奇龙虽然看起来凶猛，但其实很温柔。

我带着孩子们从树上滑下来，跳到了传奇龙的后背上。6米多长的传奇龙对我们来说就像一座移动的小山，我们在他的骨板和骨刺的缝隙中总能找到许多昆虫，传奇龙的后背简直就是一座"自助餐厅"！传奇龙也不介意我们在他身上觅食。

15

傍晚，蕨类植物下面好像有动静，我观察了半天，终于发现了一只缩头缩脑的辽尖齿兽。辽尖齿兽属于哺乳动物，胆子非常小，为了躲避像我们这样的小型肉食性恐龙的猎杀，通常在晚上才出来觅食。

这是一个为孩子们示范空对地的捕猎方式的好机会。我让孩子们看好了，然后从树上飞了下去。我无声无息地从辽尖齿兽的背后发起攻击……当我叼着猎物回到孩子们身边时，他们已经馋得不行了，这让我怀疑他们没有认真看我捕猎。

今晚的月亮很亮，照得我和孩子们睡不着。他们吵着要听故事，我就给他们讲自己跟着东北巨龙去探险的故事。东北巨龙是我见过的最大的恐龙，足足有 20 米长呢。没想到，我刚刚讲了个开头，孩子们就睡着了。

# 7 月 17 日

　　我们在湖边喝水时，偶遇了一大群鹦鹉嘴龙。这些家伙长着像鹦鹉的嘴一样的角质喙。他们虽然看上去憨厚老实，但其实很危险。成年的鹦鹉嘴龙脾气非常暴躁，经常无缘无故地攻击比自己弱小的动物。我告诫孩子们不要靠近鹦鹉嘴龙，否则很可能受伤。

19

今天，我教给孩子们的技能是灵活使用第二趾的大爪子，他们之前一直以为大爪子是用来爬树的。我向孩子们演示了如何拍打翅膀飞起来，然后用爪子进行刺杀。他们这才明白：脚上的爪子就是他们捕猎时的有效工具啊！

第二趾长有独特的镰刀爪，是我们小盗龙所在的驰龙家族的一个特征。驰龙家族可是恐龙中最出名的杀手集团，他们虽然体形不大，但是聪明凶狠。著名的成员有伶盗龙、恐爪龙、犹他盗龙，当然还有我们小盗龙。

## 7 月 21 日

可恨的中国鸟龙又袭击了我们。这次他是躲在树丛后面，当我们经过这片树丛时，他突然跳了出来。我带着孩子们迅速爬上了最近的一棵大树，中国鸟龙紧跟在后面，还大声叫着："顾星！你跑不掉的，还记得你的妻子吗？"

　　中国鸟龙的四肢比我们长，他爬树的速度也比我们快。眼看着他就要追上孩子们了，我打算跟他拼了！可就在这个时候，两个孩子竟然张开四肢飞了起来，我也连忙跟着飞离了大树，只留下气急败坏的中国鸟龙在树上大叫。

我决定趁热打铁，教他们一些飞行的动作技巧。虽然只是滑翔，但也不是张开四肢就行了。想在茂密的森林中躲避树干和树枝，必须学会巧妙地使用长长的尾巴。在飞行中，尾巴能够起到方向舵的作用。

# 9月25日

　　经过几个月的反复训练，孩子们已经能跟着我在森林中自由滑翔啦。当我们滑翔的时候，孔子鸟、热河鸟等总是躲得远远的。孩子们问我为什么这些鸟要躲开？我告诉他们，因为这些鸟都是我们的猎物。

# 9月27日

孩子们回来告诉我，他们在觅食的时候遇到了中国鸟龙。两个小家伙用计将中国鸟龙引到了鹦鹉嘴龙的巢穴中。一群愤怒的鹦鹉嘴龙围住中国鸟龙，狠狠地教训了他。孩子们比我聪明，现在我很放心让他们单独外出。

# 9 月 29 日

　　今天要给孩子们上最后一堂生存技能课了。我带着他们来到湖边，教他们如何掠过湖面捕捉狼鳍鱼。捕鱼需要很强的滑翔能力和应变能力。我指着天上的辽宁翼龙、神州翼龙等对他们说："这些大家伙很危险，你们要离他们远一点儿。"

## 9 月 30 日

　　今天是孩子们的一岁生日。对我们小盗龙而言，一岁就算成年啦！我带他们来到森林中最高的大树上，用清晨的露水打湿了他们的羽毛，希望他们拥有好运气。从今天开始，孩子们就要离开我，去寻找属于自己的领地，建立自己的家庭啦。

"孩子们，在未来的生活中，爸爸不能继续保护你们了。希望我教给你们的本领能帮助你们平安快乐地度过每一天。"

29

# 小盗龙

小盗龙大部分时间都生活在树上

小盗龙是一种有羽毛的恐龙，古生物学家已经复原了其羽毛的颜色——那是一种在阳光下泛着金属光泽的黑。

小盗龙的化石发现于辽宁省西部的白垩纪地层，属于著名的热河生物群。那里曾经鸟语花香、恐龙遍地跑。

小盗龙是几种为数不多的会"飞"的恐龙之一。它们不是像鸟类那样真正地飞行，而是爬到高处后张开四肢滑翔，看起来像袖珍的滑翔机。

小盗龙个头很小，身长不超过1米，看上去很可爱。不过，千万不要被其外貌欺骗，它们可是凶猛的杀手。古生物学家曾经在小盗龙的胃中发现了鱼、蜥蜴、鸟和哺乳动物的残骸，这说明它们是真正的小型动物杀手。

小盗龙是凶猛的小型动物杀手，猎物有鱼、蜥蜴、鸟和哺乳动物等

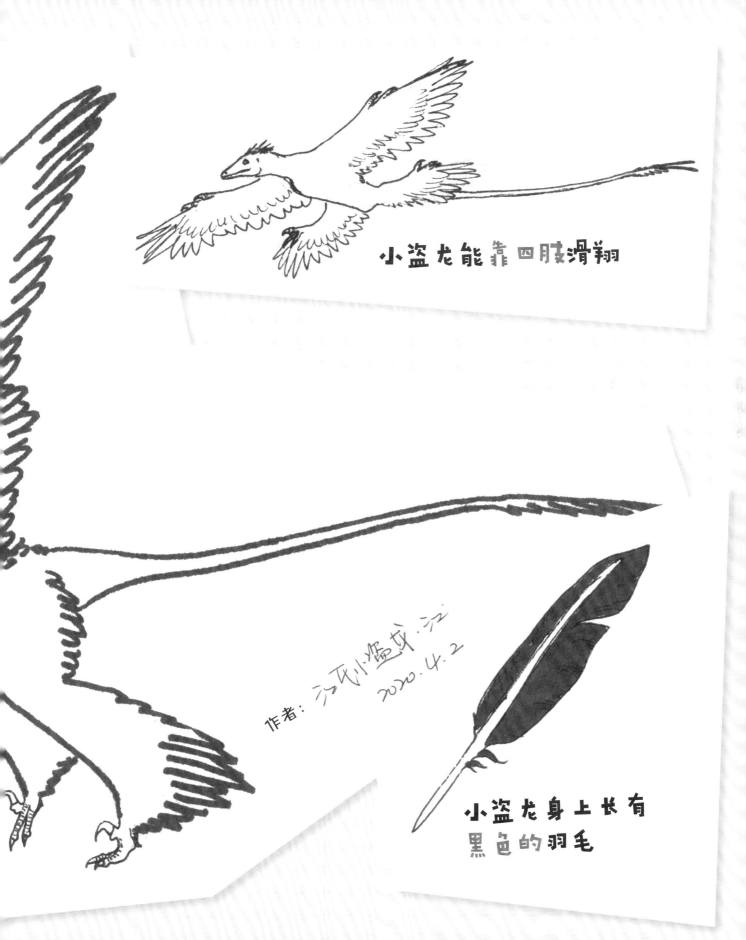

小盗龙能靠四肢滑翔

作者：江氏小盗龙·江
2020.4.2

小盗龙身上长有
黑色的羽毛

将此书献给我的光与小天使：李泽慧、江雨橦

——江泓

"家庭是爱和责任，我会保护好孩子们。"

顾星
9月30日

**图书在版编目（CIP）数据**

哦！我是小盗龙 / 江泓著；哐当哐当工作室绘 . —北京：北京科学技术出版社，2022.3
ISBN 978-7-5714-1770-3

Ⅰ．①哦… Ⅱ．①江… ②哐… Ⅲ．①恐龙－少儿读物 Ⅳ．① Q915.864-49

中国版本图书馆 CIP 数据核字（2021）第 171264 号

| | |
|---|---|
| **策划编辑**：代 冉　张元耀 | **电　话**：0086-10-66135495（总编室） |
| **责任编辑**：金可砺 | 　　　　　0086-10-66113227（发行部） |
| **营销编辑**：王 喆　李尧涵 | **网　址**：www.bkydw.cn |
| **图文制作**：沈学成 | **印　刷**：北京盛通印刷股份有限公司 |
| **责任印制**：李 茗 | **开　本**：889 mm × 1194 mm　1/16 |
| **出 版 人**：曾庆宇 | **字　数**：28 千字 |
| **出版发行**：北京科学技术出版社 | **印　张**：2.25 |
| **社　　址**：北京西直门南大街 16 号 | **版　次**：2022 年 3 月第 1 版 |
| **邮政编码**：100035 | **印　次**：2022 年 3 月第 1 次印刷 |
| **ISBN** 978-7-5714-1770-3 | |

**定　价**：45.00 元